AF588599

HISTOIRE CRITIQUE DU CALCUL DES INFINIMENT-PETITS,

CONTENANT

LA MÉTAPHYSIQUE;

ET

LA THÉORIE DE CE CALCUL;

Par M. SAVERIEN.

Satius est de re ipsâ quærere quàm mirari. SENEQUE.

M. DCC. LIII.

HISTOIRE CRITIQUE DU CALCUL DES INFINIMENT-PETITS,

CONTENANT

LA MÉTAPHYSIQUE,

ET

LA THÉORIE DE CE CALCUL.

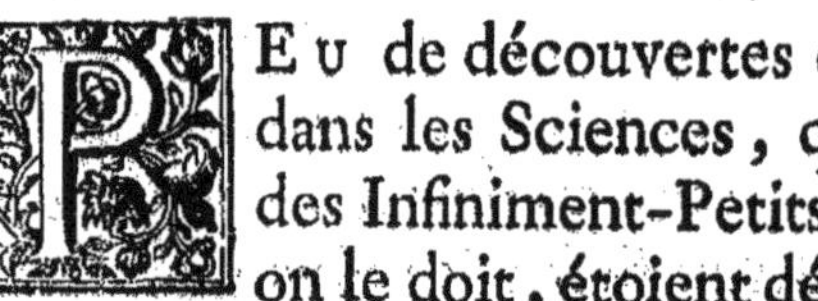

PEU de découvertes ont fait plus de bruit dans les Sciences, que celle du Calcul des Infiniment-Petits. Les Savans, à qui on le doit, étoient déja trop célèbres pour ne pas valoir cette épithete à ce Calcul même dès sa naissance. Tout ce que *Newton* & *Leibnitz* publioient dans ce tems, attiroit l'attention du Monde Littéraire. On étoit convaincu que la Nature ne renfermoit dans son sein rien de trop caché pour eux, & que leur sublime génie se portoit également aux objets les plus transcendans & les plus inacessibles. C'est ce que justifioit le nom de leur Calcul. La connoissance de l'Infini paroît hors de la portée de l'Es-

a ij

prit humain. Le terme même, par lequel on prétend l'exprimer, comporte avec lui toute l'obſcurité de ſon objet. Cependant l'amour propre n'y perd rien. Ce qui devroit émouſſer ſon aiguillon, eſt préciſément ce qui l'éguiſe. Les Mathématiciens, dit M. *de Fontenelle*, bien loin d'être intimidés par les difficultés, les recherchent. Auſſi *Newton* & *Leibnitz*, qui les avoient preſque épuiſées dans les objets finis, ne craignirent pas de porter leur vûe ſur l'Infini. Ils y fixerent leur attention, & dès-lors, un crépuſcule de lumiere parut au milieu des ténébres qui l'envelopoient. Quoique foible, cette clarté affecta les plus fameux Géométres. Saiſis d'admiration à la vûe d'un Calcul de l'Infini établi ſi ſolidement, ils s'y appliquerent avec tant d'ardeur, qu'ils le firent parvenir à ſa plus grande perfection. Ses régles, ſes parties & preſque ſes uſages, tout cela parut dans le même tems. Un jour auſſi éclatant échauffa les eſprits. On crut entrevoir une mine de découvertes : & ces Hommes rares, que touche tant la perfection des Sciences & des Arts, firent les plus grands efforts de tête pour le porter à ſon dernier terme, & pour en tirer les plus grands avantages. Aucun Livre ne parut plus, où l'on ne vit quelques nouveaux uſages de ce Calcul. On ſe provoquoit les uns les autres. L'eſprit porté ſur un objet inconcevable, éprouvoit les plus grandes ſatisfactions. Mais ſi l'amour propre en étoit flaté, preſque toutes les parties des Mathématiques gagnoient par-là de nouveaux accroiſſemens. On ſommoit l'Infini, on en fixoit les élémens, dont on déterminoit la valeur. Et ces connoiſſances appliquées à l'Aſtronomie, à la Phyſique, à la Mécanique, annonçoient un changement & une perfection dans les Sciences, auxquels il ſembloit qu'on n'auroit pas dû atteindre.

Il faut avoir bien de l'aſcendant ſur ſon imagination pour ne pas ſe laiſſer ſubjuguer par un point de vûe auſſi flateur. La raiſon ſe ſauve difficilement à travers de ſi belles promeſſes, qui animent tant l'amour propre. Voilà ſans doute pourquoi on s'eſt plutôt attaché à appliquer le Calcul des Infiniment-Petits à des Problêmes, qu'à en conſtater les fondemens. La précipitation a été même ſi grande qu'on a ſoumis le Calcul à des régles, & appliqué ces régles à des uſages, ſans ſe donner la peine de ſuivre & de développer la raiſon de ces uſages. Il a réſulté cependant de là deux inconvéniens: l'un eſt que l'objet du Calcul, n'étant pas déterminé, on s'eſt défié de ſes principes, & qu'on l'a attaqué avec avantage. L'autre inconvénient vient du défaut d'explication pour chaque opération du Calcul. L'ennui inſéparable d'un travail preſque mécanique, a rebuté ceux qui avoient aſſez de confiance aux lumieres des Inventeurs, pour oſer ſe défier de ſes fondemens. Si ces omiſſions ne portent pas coup au Calcul même elles nuiſent à ſes progrès, & le privent de bien de Partiſans. En y aaïnt égard, on auroit affermi ce Calcul, & on en auroit facilité l'étude & la pratique. Ce que les Mathématiciens n'ont pas fait, je tâcherai de ne point l'oublier dans cette Hiſtoire Critique: je dis *Criti-*

que, parce qu'en remontant à l'origine du Calcul des Infiniment-Petits; je me propoſe d'examiner ſévérement & ſes avantages & ſes inconvéniens, & de péſer juſques au terme qui le caractériſe : je veux dire celui de l'Infini.

Les Hommes toûjours plus curieux de ſavoir ce qu'ils ne conçoivent pas que de développer ce qu'ils peuvent connoître, ont préféré dans tous les tems les idées abſtraites aux objets ſenſibles. L'avenir les touche plus que le préſent. Les ſubſtances ſpirituelles ou qu'on ne peut définir, l'intéreſſent davantage que les ſubſtances matérielles; & ils ſont affectés de l'Infini, dont ils n'ont aucune idée diſtincte, tandis qu'ils négligent de s'aſſurer du Fini, qu'il leur importe de connoître. Cette conduite ſi peu ſage eſt la ſource du plus grand nombre de nos erreurs. De principes inconcevables on tire des conſéquences qui ne peuvent que troubler les eſprits & dégrader la raiſon. En effet quelles régles peut-on déduire de principes, dont nous ne pouvons nous aſſurer de l'exiſtence ? De-là ces contradictions frappantes & palpables, qui inſultent avec tant de hauteur à notre jugement. Puiſque la raiſon eſt donnée à l'homme pour ſe conduire dans la recherche de la vérité, le premier uſage qu'on en doit faire, c'eſt de rejetter toutes le hypotheſes, qui ſont hors de ſon Empire. Nul corollaire ne doit être déduit, qu'il ne tienne immédiatement à ſon principe, & que ce principe ne ſoit de la derniere évidence. C'eſt une choſe à laquelle on ne ſauroit trop faire d'attention que de s'assûrer bien de la vérité d'un principe avant que de l'admettre ; vérité qui doit être de nature à faire impression sur tous les esprits : le moindre doute sur sa certitude doit le faire rejetter. Je le compare à une terre mouvante, sur laquelle on ne peut élever aucun édifice solide, & dont la chûte seroit d'autant plus prochaine que cet édifice seroit plus considérable.

Mille exemples rendroient sensible cette vérité. La violence peut seule y faire quelque exception. Mais si des ennemis de toute justice tiennent les ames foibles dans les liens de l'erreur, la raison, quoique humiliée, ne perd pas ses droits, & le Sage ne cesse de les reclamer.

Ce que je dis ici en général, s'applique naturellement à mon sujet. Dans toutes les questions géométriques, où l'imagination impérieuse a trop pris sur le jugement, où des Hommes de réputation & de crédit ont voulu faire recevoir pour vérités des conséquences justes, déduites de principes incertains; on a vû de génies assez courageux pour remonter à ces principes & pour en péser la certitude. L'idée seule de l'Infini a été suspectée par ceux même, qui joüissoient à pleines mains des avantages du Calcul qu'on en avoit déduit. Les richesses qu'on recueilloit, toutes séduisantes qu'elles étoient, n'empêchoient pas qu'on ne se méfiât de ses grandes promesses. M. *Maclaurin*, l'un des plus grands Géometres de ce siecle, éleva le premier sa voix au milieu des acclamations qu'attiroient les utilités réelles du Calcul des Infiniment-Petits. Il oſa avertir du danger qu'on couroit en s'y livrant avec tant de confiance. Il n'y a rien de concevable, dit-il, dans la ſuppoſition d'un nombre Infiniment-Grand ou Infiniment-Petit; & le paſſage du Fini à l'Infini eſt obſcur & incomprehenſible. D'où M. *Maclaurin* conclud que c'eſt nuire à l'exactitude de la Géométrie, que d'y admettre ces ſortes de ſuppoſitions. Cependant les conſéquences, qu'on tire de ces ſuppoſitions, ſont des vérités réelles. Et qu'importe que le principe établi ſoit incompréhenſible ou non, pourvû qu'il nous conduiſe à la découverte de la vérité? Premierement le principe étant inconnu, nous ignorons, ſi toutes les conſéquences qui s'enſuivront, ſeront juſtes : ainſi nous marchons ſans connoiſſance, & il peut arriver qu'après bien du travail, nous parvenions à quelque ſujet, qui tienne de la nature du principe, c'eſt-à-dire que nous ne connoiſſions pas. En ſecond lieu, n'eſt-ce pas dégrader furieuſement la raiſon que de s'en ſervir pour ſuivre un enchaînement, dont elle ne pénétre ni le commencement, ni la fin? Un grand mal nait de cette eſpece de routine : c'eſt que l'eſprit accoûtumé à opérer ſans connoiſſance de cauſe, perd l'habitude de penſer, & n'agit plus que machinalement. Auſſi voit-on les jeunes Gens les plus incapables de refléxions, devenir facilement habiles Calculateurs; parce que dans l'âge tendre, tout ce qui ſe dérobe aux ſens eſt pénible, & qu'on ne juge que de ce qui les affecte actuellement, ſans pouvoir pouſſer guéres plus loin ſes connoiſſances.

Comme

Comme on croit que cette aptitude eſt un fruit du génie, on fait ſonner bien haut ce ſuccès; & un enfant ſe trouve grand Homme, ſans qu'il ſe ſoit encore aviſé de penſer. Les éloges qu'on lui croit dûs, & qu'on ne ceſſe de lui prodiguer, le perſuadent. En faut-il davantage pour faire éclorre dans lui l'orgueil, enfant chéri de l'ignorance, & pour le rendre dans la ſuite un homme vain, preſque inutile à la Société & toûjours inſupportable?

Mais ſans nous arrêter aux inconvéniens que l'abus ſeul du Calcul en général, & particuliérement de celui des Infiniment-Petits, pourroit produire, attachons-nous aux utilités réelles qu'on en retire, ou qu'on en peut retirer, & tâchons de parvenir au faîte de cet édifice, quelque lieu que nous aïons de nous défier de ſes fondemens.

Quoique la découverte du Calcul des Infiniment-Petits ſoit une découverte de nos jours, ſon origine tient cependant à celle de la Géométrie. Dès les premiers pas que les hommes ont fait dans cette Science, la connoiſſance des courbes a été un des plus importans objets de leur travail; & c'eſt en cherchant à parvenir à cette connoiſſance, qu'on a découvert le Calcul des Infiniment-Petits. C'eſt cette invention, précédée de pluſieurs autres d'un genre different, qui forme l'Hiſtoire théorique de ce Calcul. La premiere idée qu'on a eûe à ce ſujet, eſt la véritable époque de ſa découverte. Celles qui en ſont provenues, dévoilent continuellement de plus grands jours, & depuis ce point qui en eſt le crépuſcule, on apperçoit des nuances de clarté toûjours plus vives, dont le terme eſt à la vérité plein de lumiere, mais que des Génies du premier ordre pouvoient ſeuls faire briller à tous les yeux & répandre ſur tous les objets.

Tant que les premiers Mathématiciens n'eurent que des figures terminées par des lignes droites à connoître, la Géométrie fit des progrès rapides. Parvenus enfin aux curvilignes, leur méthode ſe trouva en défaut. Comme dans ces tems reculés on poſſedoit l'art de découvrir des quantités inconnues, en cherchant leur rapport à l'égard des quantités connues, on eſſaya de comparer les figures rectilignes aux figures curvilignes. Cela ſuppoſoit une connoiſſance parfaite des premieres; & on s'attacha à acquérir cette connoiſſance. Aïant d'abord trouvé que les triangles ſemblables ſont entre eux comme le quarré de leurs côtés homologues, on eut la proportion des poligones, qui eſt la même que celle des triangles, puiſqu'un poligone n'eſt qu'un aſſemblage de pluſieurs triangles. Ce fut avec ce principe que les premiers Mathématiciens ſe hazarderent à toucher aux courbes. Ils commencerent par la circonférence du cercle, qu'ils voulurent déterminer en la comparant à un poligone plus approchant que tout autre quelconque de cette figure curviligne. A cette fin ils inſcrivirent des poligones dans le cercle qu'ils augmentoient à volonté, ſoit en multipliant le nombre de leurs côtés, ſoit en le diminuant. On vit par ce moïen qu'il y avoit, ou qu'il devoit y avoir, un poligone qui devint presque égal au cercle. Toute générale qu'étoit cette idée, elle étoit trop heureuse pour ne pas donner quelque fruit. Elle conduisit à chercher si ces changemens des poligones inscrits altéroient la proportion connue & établie entre eux. Or on reconnut que pendant tous ces tems d'accroissemens & de décroissemens, ces poligones gardoient toûjours la même raison, qui est, comme on a vû, celle de leurs côtés homologues, c'est-à-dire du quarré des diamétres de leur cercle. Donc la proportion de ces cercles, dans lesquels on avoit inscrit un poligone, est la même que celle de ces poligones. Donc ces cercles sont comme le quarré, ou en raison doublée de leur diamétre. Et voilà une proportion générale démontrée, & la raison de la courbure du cercle à son diamétre presque connue.

Ces conséquences si justes s'étendirent, pour ainsi parler, sous la main des hommes de génie, à qui on les devoit. Elles servirent en premier lieu à démontrer les proportions des piramides, des spheres, des cones. Ensuite on les mit en œuvre pour déterminer les autres courbes. De même qu'on avoit comparé les poligones au cercle, cette courbe une fois connue, on la compara à d'autres courbes. Pour l'ellipse, par exemple, des poligones, furent inscrits dans le cercle & dans une demi-ellipse, & le diamétre du cercle servant d'axe à l'ellipse, on démontra, en faiſant le même raiſonnement qu'on avoit fait pour le cercle; on démontra, dis-je, que le demi-cercle eſt à la demi-ellipſe dans la proportion conſtante des poligones inſcrits.

Il auroit été bien poſſible de déduire de ces connoiſſances une méthode pour connoître les aires des courbes, & cela en les confondant avec les poligones inſcrits, dont le nombre des côtés auroit été augmenté à l'infini; mais ce moïen ne fut pas eſtimé bien géométrique. Ce nombre infini ne préſentant rien à l'eſprit qui pût le fixer, il parut plus convenable de chercher une autre voye. Puiſque la comparaiſon du cercle au poligone inſcrit avoit été fort heureuſe, on conjectura que le même parallele fait avec le poligone circonſcrit, pourroit procurer quelque lumiere ſur les vûes & les ſoins actuels. Cette conjecture eut tout le ſuccès qu'on pouvoit en attendre. Ce parallele fit voir que les aires curvilignes étoient les limites entre les figures les plus ſimples inſcrites & les figures circonſcrites. En ſoudiviſant continuellement les aires ſur leſquelles s'appuïent les côtés de ces poligones, ces figures inſcrites & circonſcrites approchent toûjours de ces limites; enſorte que la différence entre elles devient plus petite qu'aucune quantité donnée. Les Auteurs de ces découvertes étoient néanmoins toûjours attentifs à ne pas multiplier à l'infini les côtés de ces poligones. Ils ne concevoient les figures inſcrites & circonſcrites que comme étant d'une grandeur déterminable, & ils démontroient la proportion des limites par des conclusions à l'impossible.

C'est ainsi qu'*Archimede* fit voir que l'aire du cercle est égale à un triangle dont la base vaut la circonférence, & dont la hauteur est le raïon du même cercle. Tel fut son raisonnement. Un poligone est égal à un triangle dont la base est égale à la somme des côtés du poligone, & la hauteur à la perpendiculaire abbaissée du centre du poligone sur un de ses côtés. Or le raïon d'un cercle étant la perpendiculaire abbaissée sur un des côtés d'un poligone aïant pour centre l'autre extrêmité de cette perpendiculaire, l'aire d'un triangle dont la hauteur sera égale à cette ligne, sera égale à celle de ce poligone. Maintenant qu'on décrive un cercle aïant pour raïon cette ligne ; qu'on inscrive & qu'on circonscrive deux poligones à ce cercle, il est évident que l'un de ces poligones le circonscrit, sera plus grand que le cercle, & que le poligone inscrit sera moindre. Ces deux poligones seront aussi l'un plus grand, l'autre plus petit que le triangle ; puisque le dernier aura un raïon plus petit que la hauteur de ce triangle, & que l'autre en aura un plus grand. Et cette raison des deux poligones au triangle sera toûjours moindre à mesure qu'on augmentera les côtés des poligones inscrit & circonscrit jusques à devenir presque nulle ; desorte que l'aire du poligone circonscrit ne pourra surpasser celle du triangle que d'une quantité plus petite qu'aucun autre quantité, & que l'aire du triangle n'excédera celle du poligone inſcrit que de la même quantité. Or c'eſt ce qui arrivera en même tems à l'égard du cercle, l'aire de ces poligones approchant toûjours en même raiſon de l'aire du cercle. Donc le cercle & le triangle ſont conſtamment les limites entre ces poligones : donc ils ſont égaux. Ainſi, pour en venir à une concluſion générale, l'aire d'un triangle qui a ſa baſe égale à la circonférence d'un cercle, & ſa hauteur égale à ſon raïon, eſt égale à celle de ce cercle.

Telle fut la méthode dont ſe ſervit *Archimede* pour ſoûmettre les figures curvilignes à une meſure, en les comparant avec d'autres figures plus ſimples. Cette méthode fut long-tems en uſage. Dans la vûe de la ſimplifier, on crut qu'on pouvoit ſe paſſer de concevoir des figures circonſcrites & inſcrites dans des aires curvilignes, comme étant toûjours finies & déterminables. L'expédient qu'on trouva pour cela, fut de ſubſtituer à ces figures finies & déterminables des élémens indiviſibles ou Infiniment-Petits. Le nombre de ces élémens étant ſuppoſé infini, leur ſomme eſt évidemment égale à l'aire curviligne. On doit cette idée à *Cavallieri*. Quelque ſéduiſante qu'elle lui parut par ſa ſimplicité, elle ne le raſſura pas ſur ſon entiere certitude. Ce nombre infini lui paroiſſoit géométriquement indéterminable. Il tâchoit donc d'écarter cette idée de nombre infini, lorſqu'il reconnut bien des difficultés qu'il ne put réſoudre. C'en fut aſſez pour lui rendre ſuſpecte ſa nouvelle Géométrie. Afin de l'appuïer, *Cavallieri* joignit des démonſtrations incontestables à celles qu'il avoit déduites de ces principes hypothetiques ; mais ce mêlange de vérités & de ſuppoſitions, bien loin de raſſurer les eſprits, les inquiéta. On vit alors pour la premiere fois (ſelon la juſte remarque de M. *Maclaurin*, dans l'Introduction de ſon *Traité des Fluxions*) des diſputes parmi les Géometres.

Cependant *Wallis*, touché des avantages qui réſultoient d'une ſuppoſition de quantités Infiniment-Petites, travailloit à ſoumettre ces quantités au calcul, c'eſt-à-dire à trouver une quantité particuliere, comme une ligne, une ſurface, un ſolide, par une progreſſion réguliere, ou par une ſuite de quantités, qui s'approchant continuellement de celle que l'on cherche, & qui étant continuée à l'infini, lui devint parfaitement égale. Cette nouvelle méthode parut en 1655, ſous le nom de l'*Arithmetique de l'Infini* : en voici le fondement.

D'abord *Wallis* ſuppoſe que les aires des parallélogrammes ſont compoſées d'une ſuite infinie de lignes droites égales ; que l'aire d'un triangle rectiligne eſt compoſée d'une ſuite infinie de lignes droites paralleles à ſa baſe, & qui décroiſſent également juſques à ſe terminer à un point au ſommet de l'angle oppoſé à ſa baſe ; que l'aire d'un cercle eſt compoſée d'une ſuite infinie de cercles concentriques, ou d'une ſuite infinie de cordes paralleles à ſon diamétre ; que l'aire de l'ellipſe, de la parabole, de l'hyperbole, &c, eſt compoſée d'une ſuite d'ordonnées, ou de lignes droites paralleles à l'axe. Ces ſuppoſitions admiſes, pour trouver l'aire de toutes ces figures, il ne s'agit que de déterminer la progreſſion de chaque ſuite infinie & de la ſommer. Mais la choſe eſt-elle poſſible ? Peut-on additionner des termes dont on ſuppoſe le nombre infini ? Puiſque la ſuite eſt infinie, elle ne doit point avoir de dernier terme. Vouloir lui en aſſigner un, c'eſt détruire bien clairement l'eſſence de la ſuite, laquelle conſiſte dans la ſucceſſion de termes, qui peuvent être ſuivis d'autres termes, ceux-ci par d'autres encore de même nature que les précédens, c'eſt-à-dire tous finis, tous compoſés d'unités : ainſi de ſuite juſques à l'infini. A cette objection l'Auteur de cette belle Arithmétique, *Wallis*, fait cette réponſe. Après avoir démontré, dit-il, (& ſa démonſtration eſt très-exacte & réconnue pour telle) que dans une progreſſion de quantités arithmétiquement proportionnelles commençant par zero, la ſomme de deux, trois, quatre, cinq, ſix termes eſt toûjours égale à la moitié du plus grand terme répété autant de fois ; & n'y aïant aucune raiſon pour que cela ne ſoit pas vrai dans une progreſſion de ſept, de huit, de neuf, de dix, &c. termes, on doit conclurre que la choſe doit être, quand même le nombre des termes ſeroit ſuppoſé infini. Ce raiſonnement a lieu pour la progreſſion des quantités élévées à une puiſſance quelconque. Et M. *Wallis* conclud toûjours qu'il n'y a aucun lieu de douter que la choſe ne ſoit vraie, quelque grand que ſoit le le nombre de termes (*Wallis Opera, Historia Algebræ.*)

Tout ceci n'eſt cependant, comme l'on voit, qu'une conſéquence par induction : auſſi dans une ſuite continuée à l'infini, la ſomme n'eſt point déterminée. C'eſt pourquoi ſi la ſomme d'une ſuite finie eſt un quart du dernier & plus grand terme, cette ſuite étant continuée à l'infini, à meſure que le nombre des termes augmentera dans la ſuite, l'excès au-deſſus de ce quart diminuera, & cet excès étant toûjours un quart d'un nombre de termes moins un quart, la ſuite étant ſuppoſée continuée à l'infini, il deviendra infiniment petit, égal à zero. Il ne reſte qu'à négliger cet Infiniment-Petit pour être en droit de conclurre, dans cet exemple, qu'un plus grand terme eſt la ſomme vraie de tous les termes de cette ſuite.

Cette conſéquence une fois adoptée, il n'y a point de queſtions point, de problêmes aſſez élévés, auxquels on ne puiſſe atteindre. Les Géometres l'ont bien compris, & depuis qu'elle eſt reçûe, rien ne leur coute. On vient à bout de réſoudre des difficultés dont l'idée n'eſt pas concevable. L'énoncé ſeul du Problême, inſéré dans les Elémens de Mathématique du P. *Lami*, étonne l'imagination la plus hardie. Le mauvais Riche brûlé de ſoif, prie, dit-on, Abraham de lui laiſſer diſtiller un goute d'eau. Abraham obtient ce qu'il demande. Il laiſſe tomber une goute d'eau, qui fait 100 lieuës à la premiere minute, 99 à la ſeconde, ainſi de ſuite, toûjours en même proportion à chaque minute de 100 à 99. Or la distance des lieux où sont Abraham & le mauvais Riche étant supposée infinie, on demande en combien de tems cette goute arrivera au mauvais Riche? On répond à cela, jamais. En effet, l'espace étant infini, la goute d'eau ne peut pas parvenir à un terme. On conçoit bien que la chose ne peut être autrement. Mais ce qui a droit de surprendre, c'est qu'on détermine le nombre des lieues que feroit la goute en tombant pendant une éternité; & ce nombre est 100000 lieues. Voilà donc une quantité finie déterminée, quoiqu'il n'y ait point de terme auquel elle soit limitée, le tems de la chûte d'eau étant infini. Cela est assurement inconcevable. Afin de rendre la chose sensible, on fait observer, que la chûte de la goute d'eau est rétardée, suivant l'hypothese, à chaque minute. Ce rétardement augmentant toûjours, il devient à la fin si peu considérable, qu'on peut le regarder comme nul. Alors la goute d'eau ne se meut pas; puisqu'on néglige son mouvement, qui est infiniment petit. La question est de savoir, si on peut négliger cet Infiniment-Petit, & si dans un tems infini, ce rétardement, quoique toûjours plus petit, n'a pas une valeur réelle. Notre esprit se perd dans ce raisonnement. Nous concevons que la progression decroissant toûjours, la valeur des termes doit diminuer tellement qu'elle ne soit pas sensible, & cependant nous voulons que le nombre des termes, qui composent cette progression, soit infini. Ceci est tout-à-fait contradictoire. Nous ſuppoſons que la ſoudiviſion d'un Etre peut ſe continuer à l'infini, & dès que cette ſoudiviſion devient telle, que nous ne pouvons plus la ſaiſir, nous regardons comme nul, le reſte de cet Etre infiniment petit, quoique nous voulions qu'il y ait encore dans lui une diviſion infinie, & que nous égalons néanmoins à zero. Cela eſt admirable: nous voulons concevoir l'infini, & connoître cet infini par le fini même. Cette contrariété vient de ce que nous ne ſavons au juſte ce que c'eſt que l'infini. Dire qu'une choſe eſt infinie, c'eſt dire que nous n'y connoiſſons pas de terme; & dès-lors nous devons rejetter tout ce qui ſembleroit ſuppoſer en nous cette connoiſſance. En Phyſique au ſujet de la diviſibilité des corps, on trouve la même contradiction. Il eſt également démontré que la matiere eſt diviſible à l'infini, & qu'elle ne l'eſt pas (*Voyez* l'Article DIVISIBILITÉ dans mon *Dictionnaire Univerſel de Mathématique & de Phyſique.*) Pourquoi? Parce que nous voulons raiſonner ſur l'infini, ſuivant la remarque de M. *Locke*, comme ſi nous en avions une idée parfaite & auſſi poſitive que le nom, dont on ſe ſert pour l'exprimer. Il n'eſt donc pas ſurprenant, continue le même Auteur, que la nature incompréhenſible des choſes, dont on parle, nous jette dans des perplexités & des contradictions, & que notre eſprit ſoit accablé par un objet trop vaſte & trop élévé. En effet l'inaſſignable excéde les bornes de notre conception, & l'inaſſignable eſt ſubordonné à l'infini.

Concluons donc avec un célébre Auteur, qui a réfléchi sur cette matiere (M. *de Buffon* dans sa Préface de la traduction du *Traité des Fluxions* de *Newton* Page 10.) que nous ne devons considérer l'infini, soit en petit, soit en grand, que comme une privation, un retranchement à l'idée du fini; & alors il est permis de s'en servir comme d'une supposition, qui dans quelque cas peut être utile pour simplifier les idées & généraliser leur résultat dans la pratique des Sciences. C'est en se bornant là que Milord *Brounker* & *Mercator* suivirent les vûes de *Wallis*: ils étendirent saméthode. *Brounker* aïant trouvé une suite infinie, toute composée de termes finis & connus, détermina l'aire de l'hyperbole, ou pour parler le langage des Géometres, la quarra. Aussi-tôt *Mercator* en donna la démonstration à la maniere de *Wallis*. *Jacques Gregori* publia presque dans le même tems que *Mercator* une démonstration de cette quadrature de l'hyperbole. Et toutes ces découvertes furent envoïées à *Barrow*, ce Géometre fameux, qui a la gloire de compter le grand *Newton* parmi ses disciples.

Barrow voulut ajoûter à ces progrès. Il considera la nature des poligones de plus près qu'on n'avoit encore fait, & y vit un petit triangle formé d'une particule de la courbe, comprise entre deux lignes infiniment proches, paralleles à un des axes de la courbe, de la différence de ces deux lignes, & de celle des lignes prises sur l'autre axe appellées abcisses ou coupées correspondantes. Ce Triangle inconnu par lui-même, se trouvoit cependant semblable à un autre bien connu : c'est le triangle formé par la tangente, par l'appliquée & par la soutangente. Ainsi avec une simple régle de proportion entre les parties du grand triangle & celles du petit, *Barrow*, détermina les proportions du petit triangle. Il ne falloit plus que connoître un de ses côtés, tout le petit triangle étoit connu, & par conséquent la portion infiniment petite de la courbe, qui en étoit la base. Une infinité de triangles ainsi formés, devoit donc dévélopper toute la courbe. L'Auteur de cette découverte le comprit parfaitement. Flatté de cette conséquence, il se livra entiérement à la recherche, dont elle dépendoit. Rien ne coûte aux esprits que touche la vérité de quelque genre qu'elle puisse être. L'entrevûe d'une nouveauté donne à ces esprits des forces qu'ils ne se connoissoient point eux-mêmes. Ce fut cet aiguillon, qui échauffant le génie de *Barrow*, lui fit entrevoir une espece de Calcul propre à la découverte, dont il étoit occupé; mais cet effort ne satisfit qu'à une partie de ses désirs. Il se ressentoit de la foiblesse de l'esprit humain, qui n'atteint à la perfection que par dégrés. Semblable à celui que *Descartes* avoit trouvé auparavant pour mener les tangentes des courbes, ce Calcul étoit affecté de fractions & de signes radicaux, qu'il n'étoit pas aisé de faire évanoüir.

Barrow n'eut donc pas la satisfaction de perfectionner sa découverte. Cette perfection étoit encore trop élévée pour qu'un esprit fatigué par tant d'efforts, pût parvenir jusques-là. Il falloit un génie tout frais en quelque sorte, & qui sût profiter des connoissances précédentes, afin d'en acquérir de nouvelles. Encore un objet si sublime demandoit-il un génie transcendant. *Newton* & *Leibnitz* parurent dans le monde, & le nœud de la difficulté fut coupé. Ces deux grands hommes inventérent un nouveau Calcul, par le moïen duquel ils résolurent le triangle de *Barrow*. Il est presque démontré que c'est à M. *Newton* qu'on doit ce Calcul (*Voïez* l'Histoire de cette découverte à l'article CALCUL DES INFINIMENS-PETITS du *Dictionn. Univ. de Math. & de Physiq.*). Cependant comme la maniere, dont *Leibnitz* l'a envisagé, dépend des principes précédens, je commencerai par sa méthode, afin de ne pas perdre le fil du progrez du Calcul dont je fais l'histoire.

Le petit triangle de *Barow* n'étoit donc point résolu, quoique sommairement connu par son analogie à un triangle semblable déterminé. Mais quelque générale que fût cette connoissance, *Leibnitz* fonda sur elle son nouveau Calcul. Il considéra ce petit triangle comme l'élément du grand auquel il étoit semblable, en confondant la courbe avec la tangente, c'est-à-dire, en prenant l'arc même pour la tangente. Ainsi chaque côté du petit triangle, semblable au grand, n'étant qu'un accroissement des côtés de ce dernier, M. *Leibnitz* les désigna par les mêmes lettres, qui exprimoient les côtés analogues du grand, en y joignant une autre lettre caractériſtique pour les diſtinguer de leurs côtés générateurs. Après cela cet illuſtre Savant chercha à connoître le petit triangle, en formant avec le grand, ſemblable à celui-ci, la même analogie déja pratiquée par *Barrow*. Parce que le calcul avoit été fait avec des lettres, & que celles qui exprimoient le petit triangle, étoient caractériſées expreſſément par une autre lettre, l'hypothénuſe du petit triangle, qui eſt une partie de la courbe, fut ainſi à découvert.

Leibnitz eut donc l'hypothénuſe de ce petit triangle en termes connus, en tant que les autres côtés du petit triangle l'étoient. Il ne reſtoit plus qu'à réduire cette hypothénuſe à celle du grand, c'eſt-à-dire à en trouver le *facteur*, ou autrement l'expreſſion de laquelle elle avoit été tirée. Je m'explique : comme des côtés du petit triangle il étoit aiſé de parvenir aux grands qui les avoient formés, en les décompoſant & en dégageant la lettre caractériſtique, par laquelle ils étoient déſignés particuliérement, on pouvoit décompoſer l'hypothénuſe de la même maniere, pour trouver le grand arc, qui avoit dû la former. C'eſt ce que fit M. *Leibnitz*. De-là il parvint facilement à déterminer l'aire compriſe entre l'ordonnée, l'abciſſe & l'arc de la courbe.

Au lieu d'un triangle, *Leibnitz* forma enſuite un petit parallélograme de l'accroiſſement de l'ordonnée & de l'abciſſe, dont un arc infiniment-petit de la courbe étoit un des côtés. La ſurface de ce petit parallélograme étant ainsi mesurée ou exprimée en termes connus, au petit arc près, eu égard à leurs côtés générateurs, l'Auteur de cette admirable méthode, le grand *Leibnitz*, décomposa cette expression pour en trouver les facteurs, comme il avoit fait lorsqu'il avoit cherché la longueur de la courbe : ce qui lui donna l'aire ou la *quadrature* de cette courbe.

Avant que d'aller plus loin, saisissons le principe du nouveau Calcul. Il consiste à enveloper en quelque sorte une quantité inconnuë (l'arc de la courbe) avec des quantités connuës, ou du moins dont le rapport est connu (celui des ordonnées & des abcisses, ce qui forme l'équation de la courbe) & à dépouiller celle-là (supposée connuë par sa petitesse) de celles-ci. Cela forme deux opérations. La premiere est de prendre l'accroissement ou la *différence* de plusieurs quantités : c'est ce que M. *Leibnitz* appelle *Calcul-différentiel.* Il s'agit dans la seconde opération de décomposer cet accroissement tout formé pour découvrir les quantités, qui l'ont produit : & on la nomme le *Calcul-intégral;* parce qu'on remonte à des quantités entieres. Et voilà le fond des deux célébres Calculs, le *Calcul-différentiel* & le *Calcul-intégral*, dont l'étenduë, suivant l'expression de M. le *Marquis de Lhôpital*, est immense. C'est ce que je vais vérifier, sans quitter l'enchaînement que j'ai suivi jusques-ici.

Le Calcul-différentiel est donc l'art de comparer les différences infiniment petites des quantités finies,

finies, & de découvrir le rapport de ces différences, afin de connoître ceux des quantités finies. Ces différences infiniment petites sont, comme on vient de voir, des accroissemens de quantités finies. La quantité infiniment petite d'un parallélograme est le produit de la différence de ses deux côtés; celle d'un cube, d'un parallélipipéde, le produit de ses dimentions; ainsi de toute autre puissance des quantités divisées, comme des quantités radicales, qui ne sont que des quantités élevées à une puissance*. Ces quantités s'ajoûtent, se multiplient, se divisent, &c. comme les quantités finies. On en forme des équations avec les quantités finies; & regardant celles-là comme inconnuës, on les fait évanoüir en les égalant à celles-ci par les règles ordinaires de l'algèbre. C'est ainsi qu'on fixe la valeur des quantités finies inconnuës, par les élémens. L'opération nécessaire pour cela demande deux équations. L'analogie, qu'il y a entre les quantités finies & les quantités infiniment petites, forme la premiere. L'équation de la courbe, à laquelle les quantités finies se rapportent, est la seconde. Les termes de celle-ci, qui sont connus, se substituent aux membres de l'autre, auxquels ils sont égaux; & par-là on connoît les quantités finies.

Il suit de-là que toutes les questions, tous les problêmes à résoudre, dont les courbes pourront repré-

* On apprend en Algèbre, qu'une puissance, dont il faut extraire la racine quarrée, n'est qu'une quantité élevée à la puissance $\frac{1}{2}$; celle qui est affectée d'une racine cubique à la puissance $\frac{1}{3}$, &c.

ſenter les quantités finies qui formeront les conditions de ces problêmes, ſe réſoudront par le Calcul-différentiel. Et cela eſt fort étendu. Lorſque la concavité d'une courbe eſt déterminée par une ligne, qui eſt la plus grande de toutes celles qui ſe terminent ſur la courbe, & que la convexité eſt limitée par une ligne, qui eſt la moindre de toutes celles qu'on peut mener entre la tangente d'une courbe & cette même courbe, ces lignes rapportées à des quantités, & repréſentant les plus grands ou les moindres efforts compris entre ces deux extrêmes, pourront ſervir à trouver les plus grands (les *maxima*) ou les moindres effets (les *minima*). Il ne s'agira donc plus, pour réſoudre les problêmes de Méchanique, d'Hydraulique, dans leſquels on aura les moindres ou les plus grands efforts à déterminer, que de chercher la plus grande ou la moindre ordonnée d'une courbe.

Dans le premier cas (le *maximum*) l'ordonnée & l'abciſſe croiſſent en même-tems juſques à la plus grande abciſſe. Leur élément augmente donc toujours; parce que l'abciſſe approche toujours de la plus grande concavité. Mais parvenu là, cet élément diminuë; il devient négatif. Ainſi aïant formé l'élément de l'équation de la courbe, ce qu'on appelle autrement différentié cette équation, cet élément doit être nul, & par conſéquent égal à zéro. Délivrée de ſes différentielles, l'équation de la courbe ſe réſoud en des quantités connuës, qui donnent la plus grande ordonnée, ou la plus grande abciſſe ; & cela par la même raiſon & de la même maniere qu'on a vû ci-devant.

Il en eſt ainſi d'un *minimum*, avec cette différence que dans ce cas l'abciſſe diminuë continuellement pendant que l'ordonnée croît ; puiſque cette abciſſe approche toujours du point de la moindre convexité, paſſé lequel elle augmente. L'élément eſt par conſéquent nul, lorſqu'on conſidere la moindre abciſſe : il eſt donc égal à zéro. Et l'équation de la courbe ſe trouve, comme dans le *maximum*, dégagée de ſes différentielles.

On peut juger, par ces connoiſſances, de l'étenduë du Calcul-différentiel. Toutes les équations, tous les problêmes généraux, ou généralement exprimés, dont les conditions pourront former une équation, qu'on ſuppoſera exprimer le rapport de l'ordonnée & de l'abciſſe d'une courbe quelconque ſe réſoudront par ce Calcul.

Ce n'eſt-là qu'une partie du Calcul des Infiniment-Petits de *Leibnitz*. Outre cette maniere de connoître les quantités finies par les quantités infinies, on parvient encore à cette connoiſſance en remontant de celles-là à celles-ci. J'ai déja parlé de ce moïen : c'eſt ici le Calcul-intégral. Mais cette opération eſt quelquefois très-pénible, & ſouvent impoſſible. Quand les différentielles ſont ſéparées ; qu'elles ne renferment aucune quantité élevée à une puiſſance, & que tous les termes n'ont qu'une ſeule variable, qui ſoit élevée à une puiſſance quelconque, on intègre chaque différentielle ſéparément. Si cela n'eſt pas, on eſt obligé de chercher un facteur, qui rende l'équation différentielle intégrable en multipliant tous ſes termes.

Voilà la théorie du Calcul des Infiniment-Petits, ſuivant les principes de *Leibnitz*. En la dévelopant, j'ai négligé une difficulté, qui ſe préſente dès les premiers principes de cette théorie : c'eſt ſur la maniere de prendre la différence d'une quantité variable. Lorſqu'on différentie une quantité élevée à une puiſſance, un quarré, par exemple, on multiplie le côté d'un quarré par ſon élément, ou ſa différence par lui-même. Or le produit donne d'abord le quarré du côté de ce quarré, plus deux fois le produit compris ſous les parties de ce côté différentié. De ces deux produits, l'un eſt la véritable différence du quarré, & l'autre eſt la différence de cette différence. Suivant les principes du Calcul des Infiniment-Petits, on néglige cette ſeconde différence. Mais cette ſeconde différence, qui tient à la premiere, peut-elle ſe négliger ? C'eſt une queſtion, qui a donné lieu aux difficultés, qu'on a propoſées contre le Calcul, qui nous occupe. On a prétendu, que cet Infiniment-petit, quoique du ſecond ordre, ne devoit point être regardé nul, en bonne rigueur géométrique, & que ſi on introduiſoit de pareilles licences dans les ſciences exactes, cette liberté auroit de facheuſes ſuites.

Cette objection paroît d'autant mieux fondée, que la quantité négligée, comme égale à zéro, a tous les caracteres d'une quantité réelle. Cependant rien n'eſt plus mal fondé. Quand on a d'un Infiniment-Petit l'idée qu'on en doit avoir, les moindres ſcrupulent s'évanoüiſſent. Q'ues-ce en effet qu'une quantité infiniment-petite, ſi ce n'eſt une quantité moindre que toute quantité aſſignable, & qui n'eſt rien en comparaiſon d'une quantité finie quelconque ? De telle ſorte qu'une quantité finie ne ſauroit croître ou diminuer par l'addition ou la ſouſtraction d'une quantité infiniment petite. Ainſi une quantité, qui n'eſt augmentée ou diminuée que d'une quantité infiniment petite par rapport à ſon tout, peut être priſe pour la même qu'elle étoit avant ce changement. On doit donc conclurre, qu'une quantité infiniment petite n'eſt abſolument rien par rapport à une quantité finie. Celle-là eſt à celle-ci, ce qu'une quantité infiniment petite eſt à une quantité finie. Quoique nul conſidéré relativement à une quantité finie, un Infiniment-Petit du ſecond ordre, eſt néanmoins un élément comparé à un Infiniment-Petit du premier. Tout cela dépend de la maniere de bien concevoir un Infiniment-Petit. Dans le Calcul des Infiniment-Petits, c'eſt bien moins les quantités elles-mêmes, qui en ſont l'objet, que le rapport de ces quantités ; & ces rapports n'ont de valeurs réelles, que celles qu'on leur aſſigne.

Ceci eſt aſſurément de la derniere évidence. Cependant on a cru pouvoir attaquer la certitude du Calcul des Infiniment-Petits par l'endroit que je viens d'expliquer. Dans la naiſſance de ce Calcul, cette omiſſion fut un ſujet de querelle. On préſenta même la choſe d'une maniere ſi captieuſe, que les Géométres ſe virent obligés de s'expliquer avec plus de clarté & d'étenduë. D'ailleurs cette ſuppotion de quantités infiniment-petites étoit toujours une ſuppoſition, qu'on diſoit ne devoir point être admiſe dans la Géométrie. On ſe rappelloit les ſcrupules d'*Archimede* & de *Cavalieri*; & tout cela fortifioit les chicanes, qu'on faiſoit à la ſolidité des principes du Calcul des Infiniment-Petits.

Ce fut ſans doute pour les prévenir ces chicanes, qu'on enviſagea ſous un autre face la théorie de ce Calcul. Au lieu de ſuppoſer les quantités augmentées de quantités infiniment-petites, *Newton*, pour éviter toute hypotheſe, conſidéra comme finis les incrémens ſimultanés, & chercha la raiſon que ces incrémens ont les uns avec les autres, pendant qu'ils croiſſent ou décroiſſent tous enſemble juſques à diſparoître. Les courbes ne furent plus alors conſidérées comme étant formées par des lignes droites infiniment petites & différemment inclinées les unes aux autres. *Newton*, ne voulant rien ſuppoſer, pour connoître les courbes les forma lui-même, & examina les loix de leur génération. Il conçut les aires terminées par des lignes courbes, comme produites par le mouvement des ordonnées ſur l'abciſſe. Ainſi les accroiſſemens de ces aires doivent être entre eux, comme les ordonnées génératrices des deux aires & peuvent être repréſentés par ces mêmes ordonnées; parce que le rapport des ordonnées eſt le rapport des accroissemens naissans des deux aires. D'où il suit, que les vitesses des ordonnées, qui coulent ou *fluent* (suivant l'expression de *Newton*) sur la base en formant une courbe, que ces vitesses, dis-je, accélérent leur mouvement, pour rendre la courbe plus concave, c'est-à-dire, pour que l'aire de la courbe augmente. Au contraire, ces ordonnées se meuvent d'une vitesse retardée, si la concavité de la courbe diminuë, ou si l'aire devient moindre. Enfin, il est évident que le mouvement de l'ordonnée est uniforme, lorsque la courbe n'acquiert point de variation, & par conséquent que la surface qu'elle décrit est exactement un parallélograme. Cela revient à la supposition qu'une partie infiniment-petite d'une courbe est une ligne droite.

Tant que les mouvemens générateurs des quantités sont uniformes, il n'y a dans la courbe aucun changement, & la partie décrite est une ligne droite. Le petit triangle, qui seroit formé si la vitesse ou la *fluxion* (c'est ainsi que *Newton* nomme la vitesse) eût été accélérée ou rétardée, n'a donc plus lieu : ce triangle ne servant qu'à mesurer l'accélération ou le retardement de l'aire de la courbe. Donc toutes les fois que des quantités flueront uniformément, les vitesses ou les fluxions, qui exprimeroient les variations de ces quantités, n'auront plus lieu. Ce sont précisément ces fluxions qu'on néglige, lorsqu'on prend la différence du quarré, dont j'ai parlé ci-devant. La quantité infiniment-petite de la quantité infiniment-petite du quarré, n'est que le petit triangle de la courbe. Cette premiere quantité ne ſert qu'à meſurer l'accélération ou les côtés du quarré qui fluent ; & par conſéquent n'a aucun droit ſur le mouvement uniforme de ces côtés.

Tels ſont les fondemens du Calcul de *Newton*. Les règles & les uſages de ce Calcul ſont les mêmes que ceux de celui de *Leibnitz*. Ce que ce dernier appelle différence, *Newton* le nomme *fluxion*. Et la maniere de trouver les fluxions des quantités eſt la même que celle que donne *Leibnitz* pour trouver les différences. Ce Calcul, ou *Méthode des Fluxions*, a deux parties. De même que dans le Calcul de *Leibnitz*, de la différence on remonte à la quantité qui l'a formée, la viteſſe ou la fluxion étant connuë, dans celui *Newton* on parvient à la quantité qui a flué, nommée, à cauſe de cela, *fluente*. Quand on connoît la théorie générale, ou le principe fondamental de la méthode des fluxions, tel que je viens de le donner, il n'y a plus qu'à ſubſtituer au mot *différence* celui de *fluxion*, & à celui d'*intégrale* celui de *fluente*. La ſeule différence qui pourroit s'y trouver, en conſervant les termes de *Newton*, c'eſt qu'on opere avec plus de confiance, lorſqu'on ſe rappelle qu'il ne s'agit ici que de viteſſe à trouver d'un corps en mouvement, au lieu de ſuppoſer ſans ceſſe de quantités infiniment-petites produites par de quantités finies. Ce mot de quantités infiniment-petites, ne repréſentant à l'eſprit rien de déterminé, le prive dans ſon travail de cette ſatisfaction, qu'il reſſent toujours dans l'étude de la pure Géométrie. A cette délicateſſe

délicatesse près, la méthode des fluxions revient au Calcul des Infiniment-Petits ; & quand on est bien convaincu que cette quantité est quelque chose de réel, que c'est une vitesse, ce Calcul est plus commode, sa caractéristique étant plus frappante & moins sujette à induire en erreur que celle de la méthode des fluxions *.

Qu'on prononce maintenant si le Calcul des Infiniment-Petits est un Calcul utile. Rien sans doute de plus hardi & de plus grand que l'idée seule de ce Calcul. C'est bien véritablement épuiser les ressources que de chercher à découvrir les quantités inconnuës, non par leurs parties connuës actuellement, mais par celles qu'elles peuvent produire. Il faut ou n'avoir jamais senti la beauté de ce Calcul, ou être bien de mauvaise foi pour vouloir le décrier. On a beau dire que dans ses opérations l'esprit n'est point éclairé, & que l'évidence nuit à la clarté. Ce n'est pas la faute du Calcul si ceux qui l'enseignent, ou qui l'emploïent, ne présentent que le résultat du Calcul plutôt que le calcul même. On se contente de rendre les opérations analytiques, sans s'arrêter à la raison de ces opérations. Parce qu'on est certain qu'on ne peut tomber dans l'erreur, on croit pouvoir se dispenser de faire connoître comment les difficultés s'évanoüissent à mesure que les expressions du Calcul se dégagent, &

* La caractéristique du calcul de *Leibnitz* est un *d* mis à côté de la quantité variable, ou qui a cru (dx) & un point dans celui de *Newton* posé au-dessus de la quantité qui a flué ($\dot{x}$).

triangle de la courbe. Cette premiere quantité ne sert qu'à mesurer l'accélération ou les côtés du quarré qui fluent ; & par conséquent n'a aucun droit sur le mouvement uniforme de ces côtés.

Tels sont les fondemens du Calcul de *Newton*. Les règles & les usages de ce Calcul sont les mêmes que ceux de celui de *Leibnitz*. Ce que ce dernier appelle différence, *Newton* le nomme *fluxion*. Et la maniere de trouver les fluxions des quantités est la même que celle que donne *Leibnitz* pour trouver les différences. Ce Calcul, ou *Méthode des Fluxions*, a deux parties. De même que dans le Calcul de *Leibnitz*, de la différence on remonte à la quantité qui l'a formée, la vitesse ou la fluxion étant connuë, dans celui *Newton* on parvient à la quantité qui a flué, nommée, à cause de cela, *fluente*. Quand on connoît la théorie générale, ou le principe fondamental de la méthode des fluxions, tel que je viens de le donner, il n'y a plus qu'à substituer au mot *différence* celui de *fluxion*, & à celui d'*intégrale* celui de *fluente*. La seule différence qui pourroit s'y trouver, en conservant les termes de *Newton*, c'est qu'on opere avec plus de confiance, lorsqu'on se rappelle qu'il ne s'agit ici que de vitesse à trouver d'un corps en mouvement, au lieu de supposer sans cesse de quantités infiniment-petites produites par de quantités finies. Ce mot de quantités infiniment-petites, ne représentant à l'esprit rien de déterminé, le prive dans son travail de cette satisfaction, qu'il ressent toujours dans l'étude de la pure Géométrie. A cette délicatesse

délicatesse près, la méthode des fluxions revient au Calcul des Infiniment-Petits ; & quand on est bien convaincu que cette quantité est quelque chose de réel, que c'est une vitesse, ce Calcul est plus commode, sa caractéristique étant plus frappante & moins sujette à induire en erreur que celle de la méthode des fluxions *.

Qu'on prononce maintenant si le Calcul des Infiniment-Petits est un Calcul utile. Rien sans doute de plus hardi & de plus grand que l'idée seule de ce Calcul. C'est bien véritablement épuiser les ressources que de chercher à découvrir les quantités inconnuës, non par leurs parties connuës actuellement, mais par celles qu'elles peuvent produire. Il faut ou n'avoir jamais senti la beauté de ce Calcul, ou être bien de mauvaise foi pour vouloir le décrier. On a beau dire que dans ses opérations l'esprit n'est point éclairé, & que l'évidence nuit à la clarté. Ce n'est pas la faute du Calcul si ceux qui l'enseignent, ou qui l'emploïent, ne présentent que le résultat du Calcul plutôt que le calcul même. On se contente de rendre les opérations analytiques, sans s'arrêter à la raison de ces opérations. Parce qu'on est certain qu'on ne peut tomber dans l'erreur, on croit pouvoir se dispenser de faire connoître comment les difficultés s'évanoüissent à mesure que les expressions du Calcul se dégagent, &

* La caractéristique du calcul de *Leibnitz* est un *d* mis à côté de la quantité variable, ou qui a crû (dx) & un point dans celui de *Newton* posé au-dessus de la quantité qui a flué ($\dot{x}$).

que la queſtion ſe développe. On n'enſeigne pas même avec plus d'attention les règles de ce Calcul. Les plus grands Maîtres ont commis cette faute ; & j'oſe dire que M. le Marquis de l'*Hôpital* en eſt auſſi coupable, quoique l'ouvrage de cet Auteur illuſtre, l'*Analyſe des Infiniment-Petits*, ſoit un chef-d'œuvre d'élégance & de clarté. Les règles & leur application aux plus beaux problêmes de Mathématique y ſont dévelopées à la vérité avec une nèteté & une préciſion rares : mais la théorie ſur laquelle eſt fondée la ſolution de ces problêmes y eſt totalement omiſe. On ſent que les queſtions ſont réſoluës, ſans comprendre comment elles peuvent l'être. L'eſprit eſt convaincu & nullement ſatisfait. Le Calcul y tient lieu de diſcours ; & à moins de ſe replier fortement ſur ſoi-même, & d'être inſtruit du principe de *Leibnitz*, on travaille avec M. le Marquis de l'*Hôpital* plus par routine que par raiſonnement. Cette méthode eſt trop pernicieuſe au dévelopement de l'eſprit humain, pour n'avoir point de très-mauvaiſes ſuites. L'eſprit, accoutumé à ne marcher preſqu'avec ſes ſens, n'agit plus lorſqu'il eſt livré à lui-même. N'eſt-il point étayé ou ſoutenu par quelque objet préſent ? Il ceſſe d'agir. Cependant l'habitude d'opérer pourra bien ſeule former de grands Calculateurs ; mais ils ſeront tous dépourvûs de logique. Tant qu'ils ne ſe propoſeront de réſoudre que des queſtions détachées, des problêmes iſolés, qui ne demanderont qu'une adreſſe de combinaiſon, ils excelleront. S'agira-t'il de former un ouvrage; d'établir une théorie; de joindre & d'allier convenablement des principes ou des propoſitions ? Leur production ſans liaiſon & ſans nuances, ne ſera plus qu'un monſtrueux aſſemblage de vérités, un cahos d'idées mal aſſorties, les matériaux épars d'un édifice & non un bâtiment véritable.

Voilà les défauts qu'auront les ouvrages des Calculateurs, qui ne feront que cela, & voilà (pour le dire en paſſant) celui qui règne dans le plus grand nombre des Livres de Mathématique. Quelle que ſoit la cauſe de l'imperfection de ces ouvrages, quant à la forme & à l'ordre, rien n'y eſt à ſa place. On trouve à la fin ou au milieu du Livre, ce qui auroit dû être au commencement. Tout eſt par lambeaux & par coupons, & ſurtout ſans gradation de connoiſſances. Ce ſont des ouvrages fondus par repriſes & non d'une ſeule & même coulée. Je veux dire par-là qu'on compoſe un Livre en détail, & qu'un Chapitre eſt achevé avant qu'on ait formé le plan de celui qui doit ſuivre. Cela forme un recueil de problêmes ou d'eſpeces de diſſertations, où rien ne tient. Il eſt vrai qu'il eſt bien difficile & bien pénible de ſoutenir dans ſa tête, ſans s'égarer, tout le plan d'un ouvrage, d'en arranger intellectuellement les parties & de le mettre dans le point de vûë où l'eſprit ſeul puiſſe juger de ſon enſemble. Peu de génies ont aſſez de force pour ſoutenir la contention que demande un ſemblable travail. Il faut, outre cela, être bien au-deſſus de ſon ſujet, pour le *maîtriser* avec cette facilité. C'eſt-là cependant le ſeul moïen de rendre un Livre intéreſſant & utile. Et ſi telle étoit la méthode des Mathématiciens, on verroit moins de Livres & plus de vérités. Le ſuperflu n'inonderoit pas le néceſſaire ; & le tems ſeroit mieux emploïé pour celui qui écrit & pour celui qui étudie.

Je déveloperai ces vérités dans l'ouvrage que j'ai annoncé ſur la *Maniere d'étudier, d'enſeigner & de traiter les ſciences Mathématiques*, & il auroit été à déſirer qu'elles euſſent été plutôt divulguées. On auroit plus de Savans, & moins de diſputes. J'oſe même avancer, que ſi l'on ne ſe hâte de ſuivre dans les ſciences exactes une route qui ſoit également lumineuſe & ſolide, & qu'on veuille ſéparer, ou ſacrifier l'un de ces avantages à l'autre, ou la ſolidité nuira à l'imagination, mere de preſque toutes les découvertes, ou l'imagination fera tort au jugement, qui peut ſeul conſtater les découvertes. Cette premiere faculté de l'entendement, ſacrifiée à l'autre, fera un ſtupide, & la ſeconde, ſubjuguée par l'imagination, formera un inſenſé.

Ces réflexions conduiſent à une conſéquence fort naturelle : c'eſt qu'il eſt dangereux de ſe trop livrer au Calcul, & qu'on doit ne l'emploïer que dans les cas où la méthode ſynthétique ne reſtraint point aſſez les matieres, qui nous occupent. Encore faut-il ne pas perdre de vûë le raiſonnement & la liaiſon des opérations qu'exige le dévelopement des matieres. Mais quelles ſont ces matieres ? Y a-t'il quelque problême où l'on puiſſe ſe paſſer du Calcul ? Tout n'y eſt-il pas ſoumis ? La ſcience des cauſes par les effets s'aquérera-t'elle jamais autrement qu'en cherchant les rapports de ces effets, pour les ramener au principe commun d'où ils dépendent ? Et ce travail eſt-il poſſible ſans Calcul ?

On pourroit bien répondre affirmativement à cette queſtion ; & le *Traité des Fluxions* de M. *Maclaurin*, dans lequel les problêmes les plus élevés & les plus épineux des Mathématiques ſont réſolus ſynthétiquement, en eſt une belle preuve. Cependant l'analyſe ſera toujours préférable, lorſque les ſolutions deviendront, par ſon moïen, plus claires & plus ſimples. Car il y a tels problêmes qui ſe réſolvent avec bien de l'élégance & de la facilité par le Calcul, & qui demanderont beaucoup de circuit, & de raiſonnement, lorſqu'on voudra emploïer la ſyntheſe. Là-deſſus on ne peut preſcrire aucune règle, & c'eſt au génie du Mathématicien à ſavoir diſtinguer laquelle des deux méthodes eſt préférable. En un mot, le vrai art de découvrir les vérités les plus oppoſées ſans nuire aux facultés principales de l'entendement, c'eſt de ne point ſéparer le lumineux du ſolide, de réunir la clarté à l'évidence, & de ne laiſſer jamais agir l'eſprit ſans lui faire connoître la route qu'il tient.

A ces ſages attentions, il ſeroit à déſirer qu'on en joignit une autre pour le moins auſſi eſſentielle que celles-là : ce ſeroit de chercher la vérité pour l'amour de la vérité même. Car ſi l'on n'éprouve pas en la découvrant une ſatisfaction capable d'étouffer tous les ſentimens d'orgueil & de dédain, l'eſprit n'eſt point encore aſſez épuré ; & il eſt dangereux de vouloir l'éclairer en l'occupant d'objets étrangers. *Deſcartes* ſouhaite qu'on commence par ſe dépoüiller de tous les préjugés, afin que l'ame n'aïant aucun intérêt particulier à prendre un parti plutôt qu'un autre, ſuive celui de la vérité, qui l'affecte alors de la maniere la plus forte & la plus ſenſible. C'eſt dans ce tems que peut agir l'amour propre, qui ſoutient ſeul dans les grands travaux ; parce qu'il ſera toujours ſagement réprimé par la raiſon.

Quoi ! ne verrai-je jamais les hommes réunis pour leurs avantages ? La ſcience étouffera-t'elle la Philoſophie ? Et l'eſprit ne pourra-t'il s'éclairer qu'au préjudice du cœur ? On convient qu'il y a dans nous un déſir de ſavoir ; que la connoiſſance de la vérité peut ſeule nous rendre heureux, & que notre vie n'eſt qu'un point à l'égard de l'immenſité de l'objet de cette connoiſſance. Et au lieu de ſe réunir, de ſe concilier, de s'aider par le concours de pluſieurs des découvertes de chacun, on ne cherche qu'à s'écarter & à ſe nuire. Dès l'enfance on vous accable de préjugés, & on vous défend de penſer. Lorſque la raiſon commence à ſe développer, on l'enchaîne cette raiſon ; & malheur à celui qui veut ſécouer le joug de l'eſclavage. Ainſi chaque homme vit & meurt ſans avoir eu la liberté de ſe reconnoître. Les Savans & les Gens de Lettres, à qui il appartient ſeuls de donner des loix, parce que ce n'eſt que par l'étude & la réflexion qu'on peut les découvrir, plient baſſement ſous le poids des erreurs populaires. Ils font plus : ils ſe dégradent les uns-les-autres, & n'oublient rien pour ſe donner en ſpectacle aux yeux d'un certain Public, qui ne manque pas de mettre à profit ces foibleſſes.

Puiſſent ces réflexions être reçûës avec indulgence, & mériter l'attention de ces ames bienfaiſantes, nées pour l'honneur de l'humanité, qui, par les qualités les plus précieuſes, la maintiennent dans tous ſes droits ! Car il eſt encore des hommes fermes pour les intérêts de la vérité, zélés pour le progrès des Sçiences & celui de la vertu, dont les ſollicitudes ne ſe portent pas ſeulement à étendre la ſphere des connoiſſances humaines, à entretenir l'union & la concorde, mais encore à favoriſer les travaux de ceux qui ont le noble courage de ſe conſacrer à l'utilité publique.

FIN.

Contraste insuffisant

NF Z 43-120-14

www.ingramcontent.com/pod-product-compliance
Ingram Content Group UK Ltd.
Pitfield, Milton Keynes, MK11 3LW, UK
UKHW021938200726
13855UKWH00007B/1443